Aubrey Heyliger

NANONUTRIENTES: Determinação de elementos em plantas verdes

Aubrey Heyliger

NANONUTRIENTES:
Determinação de elementos em plantas verdes

ScienciaScripts

Imprint
Any brand names and product names mentioned in this book are subject to trademark, brand or patent protection and are trademarks or registered trademarks of their respective holders. The use of brand names, product names, common names, trade names, product descriptions etc. even without a particular marking in this work is in no way to be construed to mean that such names may be regarded as unrestricted in respect of trademark and brand protection legislation and could thus be used by anyone.

Cover image: www.ingimage.com

This book is a translation from the original published under ISBN 978-620-2-06063-9.

Publisher:
Sciencia Scripts
is a trademark of
Dodo Books Indian Ocean Ltd. and OmniScriptum S.R.L publishing group

120 High Road, East Finchley, London, N2 9ED, United Kingdom
Str. Armeneasca 28/1, office 1, Chisinau MD-2012, Republic of Moldova, Europe
Printed at: see last page
ISBN: 978-620-7-98316-2

ÍNDICE DE CONTEÚDOS

PREFÁCIO

Os elementos metálicos presentes nos alimentos que têm valor nutritivo, mas que se encontram nos tecidos vivos apenas em concentrações muito baixas, eram difíceis de detetar pelos métodos analíticos anteriormente disponíveis e, por isso, passaram a ser conhecidos como "oligoelementos" ou "micronutrientes". Atualmente, o termo "oligoelemento" ou "micronutriente" refere-se a elementos que se encontram em miligramas por quilograma (partes por milhão) ou abaixo e que podem exercer alguma influência na bioquímica vegetal ou animal e na função celular. Os materiais vegetais constituem a principal fonte de minerais para os animais e para a maioria dos membros da raça humana. Os factores que influenciam o teor de oligoelementos das plantas são, por conseguinte, determinantes importantes da ingestão alimentar destes elementos. A quantidade dos constituintes inorgânicos dos legumes verdes varia em função do estádio de maturação da cultura, das condições climáticas ou sazonais durante o crescimento, do tipo de solo em que a planta foi cultivada e do género, espécie ou estirpe (variedade) da planta. O impacto relativo destas variáveis pode ser modificado através da utilização de fertilizantes, correcções do solo e práticas de irrigação e de cultivo, e isto também depende do elemento em questão (Underwood 1975). A determinação dos níveis de cobre e zinco em cinco (5) legumes verdes locais, nomeadamente, alface, pakchoy, couve, calaloo e chowrie, pode servir como um indicador útil de situações de deficiência na cultura durante o período de crescimento. Este estudo é necessário para avaliar a segurança e a adequação da dieta da população e para identificar fontes de cobre e zinco nos legumes verdes, que podem ser recomendadas para o tratamento de sintomas de deficiência destes minerais vestigiais nos seres humanos. Uma vez que a concentração destes elementos pode ser extremamente baixa, possivelmente na vizinhança de nanogramas por grama (partes por bilião), são mais apropriadamente referidos como nanonutrientes neste livro. Utilizando a espetrofotometria de absorção atómica (AAS) e a quelação e extração por solventes, os níveis de cobre e zinco nos vegetais verdes podem ser determinados com resultados bastante reprodutíveis.

1 INTRODUÇÃO

Não é fácil distinguir entre elementos essenciais e tóxicos, uma vez que todos os metais são provavelmente tóxicos, se ingeridos em quantidades suficientes. De facto, a margem entre toxicidade e deficiência é muito pequena. Os efeitos fisiológicos, incluindo a toxicidade do cádmio, por exemplo, estão estreitamente relacionados com a quantidade de cobre e zinco também presentes. Do mesmo modo, a função do ferro nas células é afetada tanto pelo cobre como pelo cobalto e, em certa medida, também pelo molibdénio e pelo zinco.

Em geral, as plantas não excluem substâncias tóxicas e experiências sobre a tolerância de metais pesados em plantas indicam que o cobre e o zinco se localizam preferencialmente na fração da parede celular das raízes de plantas verdes (Underwood 1975). Qualquer que seja a composição real do solo, a planta tem de ser capaz de absorver nutrientes e transportá-los para onde são necessários nos seus tecidos.

Os elementos tóxicos estão presentes nos alimentos, em maior ou menor grau, como contaminantes, em resultado da crescente industrialização e da poluição da biosfera que lhe está associada. A contaminação pode ter origem numa série de fontes diferentes. Assim, as culturas conterão várias quantidades de contaminantes de acordo com a natureza do solo, o tratamento com fertilizantes e/ou insecticidas e a proximidade da atividade industrial. A colheita, o armazenamento, a transformação e o acondicionamento subsequentes (especialmente o enlatamento) dos produtos hortícolas verdes podem também afetar o nível de contaminantes nos alimentos consumidos. No entanto, a lavagem e a cozedura (lixiviação de contaminantes solúveis) e a rejeição das folhas exteriores podem conduzir a uma redução. Embora o problema dos carcinogéneos seja mais agudo nos países desenvolvidos, em contraste com o terceiro mundo, a tendência recente para exportar processos de resíduos perigosos para países do terceiro mundo, com os seus requisitos de saúde pública menos rigorosos, legislação sobre higiene no trabalho e forças de trabalho numerosas e baratas, irá expor as populações com consumos marginais de vitamina A a muitos carcinogéneos potenciais. A utilização insustentável de fertilizantes e pesticidas para aumentar a produção alimentar no terceiro mundo também aumentará o potencial de exposição a carcinogéneos nestes países (Briggs 1984).

Durante o século passado, um conjunto crescente de conhecimentos obtidos a partir de provas experimentais derivadas de estudos realizados em cobaias, como animais de laboratório, bem como em ensaios em seres humanos, sugerem que o estado da vitamina A é um determinante importante da suscetibilidade de uma pessoa ao cancro e da progressão de cancros já estabelecidos (Briggs 1984). Uma vez que a enzima retinol redutase, que contém zinco, é importante na conversão do retinal em retinol, há provas de uma conversão reduzida do β-caroteno em retinol na deficiência de zinco.

É possível que exista uma relação entre a absorção de cobre e o nível de zinco nos alimentos, com um antagonismo semelhante ao do cobre e do molibdénio.

Uma importante enzima dos tecidos vegetais que contém cobre é a oxidase do ácido ascórbico, uma enzima responsável pela perda de vitamina C nos frutos e legumes colhidos. O cobre também está envolvido na enzima citocromo oxidase na fase terminal da principal via de oxidação celular da tirosina e na produção de melanina, o pigmento escuro da pele e do cabelo. Nas folhas verdes, a maior parte do cobre ocorre em estreita associação com a clorofila, o que indica que é necessário para a síntese do pigmento verde, a clorofila.

1.1 Questões de investigação

O objetivo desta investigação é apresentar uma análise dos níveis de micronutrientes em plantas verdes obtidas de fontes na Guiana.

Nesta perspetiva, o objetivo deste estudo é investigar os factores relacionados que podem contribuir para os níveis declarados de minerais vestigiais encontrados nos legumes verdes e determinar se existem relações entre o solo e a planta em factores que contribuem para a quantidade de micronutrientes disponíveis para a planta e, por extensão, para os consumidores primários.

Os principais objectivos do estudo são:

(i)   Determinar os factores que podem contribuir para o nível de micronutrientes encontrado em amostras seleccionadas de legumes verdes.

(ii)   Investigar se a relação entre o solo e a planta afecta a quantidade de minerais absorvidos e armazenados nas plantas

(iii)   Recomendar as estratégias que podem ser implementadas para melhorar o processo de monitorização do nível de micronutrientes no solo e nas plantas.

Estes objectivos foram utilizados na formulação das seguintes questões de investigação:

(i)   Existem factores químicos ou hortícolas que contribuem para o nível de micronutrientes nas plantas verdes?

(ii)   Qual é o impacto da relação solo-planta nos níveis de micronutrientes presentes nos legumes verdes?

(iii)   Que estratégias podem ser implementadas para melhorar o processo de controlar os níveis de micronutrientes no solo e nas plantas verdes?

Estas questões foram utilizadas como guia para determinar o tipo de dados recolhidos e a informação a obter como resultado da realização desta investigação. Os temas de investigação foram mantidos em foco na preparação dos instrumentos de recolha de dados que foram utilizados para encontrar respostas a estas questões.

1.2 Objetivo da investigação

O objetivo desta investigação foi investigar os factores predominantes que contribuem para os níveis diferenciados de micronutrientes ou de minerais vestigiais nos legumes verdes.

1.3 Objetivo da investigação

O objetivo do presente estudo é fornecer dados de base sobre os níveis de cobre e zinco nos legumes verdes locais e sublinhar a importância dos oligoelementos na nutrição vegetal e animal. No futuro, o princípio da adaptação nutricional selectiva deverá ser mais aplicado.

2   REVISÃO DA LITERATURA

2.1   Vegetais verdes

O número de legumes verdes escolhidos para a investigação do teor de cobre e zinco foi de cinco (5) e são descritos a seguir.

LETÚCIA - <u>Lactuca sativa</u> da família Compositae, erva glabra até 35 cm de altura; caule grosso branco-esverdeado, folhas curtas, sésseis, em coroa sobreposta, enrugadas, nervura mediana suculenta verde-clara, de forma e tamanho variáveis, mais ou menos dobradas para formar uma cabeça.

A planta é originária da Eurásia, mas é muito comummente cultivada em toda a Guiana; a propagação é feita por sementes. As folhas são utilizadas frescas em saladas; segundo consta, são uma fonte valiosa de vitaminas e ferro.

PAKCHOY (couve chinesa) - <u>Brassica chinensis</u> da família Cruciferae é um vegetal de folha, semelhante à alface ou à couve. As grandes folhas verdes claras podem ser utilizadas como salada. No entanto, as folhas são geralmente cozinhadas sem água em lume brando.

CABBAGE - <u>Brassica oleracea var. capitata</u> da família Cruciferae é uma erva baixa bienal, tratada como anual; caules curtos e atarracados, folhas obovadas circulares com até 30 cm de diâmetro, carnudas, crocantes, glabras, glaucas, verde-escuras com nervuras proeminentes; sobrepostas para formar uma cabeça globosa ou sub-globosa em torno do topo do caule. A cabeça de frutificação é uma planta terminal (20 x 15 cm), glabra, verde glaucosa, de origem europeia, vulgarmente cultivada na Guiana. A "cabeça" é utilizada em saladas frescas ou cozinhada com outros alimentos. Alguns relatórios sugerem que a ingestão de grandes quantidades deste vegetal pode provocar o aumento da glândula tiroide.

CALALOO (calaloo de folha grossa ou calaloo de lagarta) - <u>Amaranthus dubius</u> da família Amaranthaceae é uma erva erecta de até dois metros (2m) de altura. Caules suculentos, estriados, glabros, castanho-avermelhados a verdes, folhas ovadas (8 - 10 cm de comprimento) agudas, mucronadas no ápice, glabras com nervuras proeminentes abaixo do pecíolo; flores de 10 cm de comprimento em espigas, cálice e corola, branco-esverdeados. A propagação faz-se por sementes e estacas. O caule e as folhas são utilizados como os espinafres.

CHOWRIE (bhajee ou calaloo de folhas finas) - <u>Amaranthus viridis</u> da família Amaranthaceae é uma erva erecta ou espalhada de 45 cm; caule castanho-esverdeado, glabro, verde-claro. Cálice castanho-esverdeado. Anteras amarelas, filamentos brancos, estigma esbranquiçado. As folhas e os caules tenros são utilizados como legume, tal como os espinafres (Omawale).

Estes legumes verdes foram todos obtidos nos mercados municipais de Georgetown, na Guiana, e ao longo do aterro ferroviário de Lamaha.

2.2   **Fontes de cobre e zinco no ambiente**

O solo em que as plantas crescem contém metais provenientes de várias fontes, principalmente das rochas a partir das quais o solo foi formado, bem como de lamas de depuração e de outros materiais adicionados no decurso das actividades agrícolas.

A abundância média destes metais na crosta terrestre é dada como o conteúdo da litosfera em miligramas por quilograma de peso seco e foi encontrada como sendo 80 mg/kg para o zinco e 70mg/kg para o cobre. O teor de zinco no solo foi dado como 10 - 800mg/kg e o de cobre, 10 - 300 mg/kg (Reilly 1980).

As concentrações de metais na água podem refletir a atividade industrial nas proximidades, bem como a composição das rochas e do solo locais. A contribuição metálica do zinco pode também ser devida à utilização de recipientes galvanizados para a água e o cobre pode ser adicionado à água através da utilização de latas de cobre.

As sementes da maioria das plantas que pousam em solos que contêm concentrações elevadas de metais pesados como o cobre e o zinco morrem devido à natureza tóxica do solo.

Quando os minérios de zinco, normalmente associados ao cádmio, são fundidos, pode ocorrer a poluição do ambiente pelo cádmio e pelo zinco. Num estudo sobre o efeito da contaminação provocada pelo vento de uma refinaria de zinco e chumbo, verificou-se que a farinha de milho (Zea mays) continha 0,9 mg/kg de cádmio e 28 mg/kg de chumbo. Além disso, os vegetais de folha tinham nas suas superfícies exteriores mais de 300 mg/kg de chumbo, 20 mg/kg de cobre, quase 900mg/kg de zinco e 5mg/kg de cádmio (Borgono et al 1972).

O consumo de vegetais contaminados desta forma, com níveis de metal muito acima dos máximos legalmente permitidos, constituiria certamente um risco para a saúde (Reilly 1980).

2.3 Cobre e zinco em sistemas biológicos

2.3.1 Cobre em sistemas biológicos

A atividade do cobre no metabolismo das plantas manifesta-se de duas formas;

i. síntese de clorofila e

ii. atividade das enzimas

Nas folhas, a maior parte do cobre ocorre em estreita associação com a clorofila, mas pouco se sabe sobre o seu papel na síntese da clorofila, para além de que a presença de cobre é necessária.

O cobre é um constituinte definitivo de várias enzimas que catalisam reacções de oxidação-redução (oxidases) em que se acredita que a atividade se deve ao vaivém do cobre entre os estados de oxidação $+1$ e $+2$.

Os vestígios de cobre são necessários para o crescimento de algas e fungos e o seu papel como fungicida baseia-se na toxicidade dos compostos de cobre dissolvidos pelos hidroxilos e aminoácidos produzidos pelos fungos.

A deficiência de cobre nas plantas resulta em morte, clorose, redução da atividade fotossintética e incapacidade de formar sementes. Como oligoelemento necessário no metabolismo animal, a ingestão diária foi estimada entre 1 e 3 mg de cobre numa dieta normal de adulto. Geralmente, as concentrações nos alimentos são de cerca de 1mg/kg. As melhores fontes de cobre são a carne, o fígado, o rim, o coração e outros tipos de miudezas, bem como o peixe e os vegetais verdes. A principal proteína que contém cobre no sangue é a ceruloplasmina, produzida no fígado e que regula o nível de cobre no organismo, actua como agente de transporte do metal e desempenha um papel importante no fabrico da hemoglobina no corpo humano.

As enzimas em que o cobre está envolvido incluem a citocromo oxidase na fase terminal do sistema de transporte de electrões para as oxidações celulares e a tirosinase, responsável pelo metabolismo do aminoácido tirosina e pela produção de melanina. Uma enzima importante do tecido vegetal que contém cobre é a oxidase do ácido ascórbico, uma enzima responsável pela perda de vitamina C nos frutos e legumes colhidos. A toxicidade do cobre, tanto para as plantas como para os animais, deve-se à combinação com grupos tiol de certas enzimas, inactivando-as assim. A exposição crónica ao cobre provoca cirrose hepática, falhas de crescimento e iterícia. A absorção do cobre é deprimida pelo ácido ascórbico, fitatos alimentares, cádmio, mercúrio, prata e zinco. Aparentemente, os metais impedem a absorção do cobre através da competição pelos sítios de ligação ao metal. O cobre, o molibdénio e o enxofre da dieta estão intimamente relacionados na nutrição óptima de cobre e molibdénio em ruminantes. O aumento do molibdénio nas pastagens e o baixo teor de cobre nas pastagens resultam numa condição conhecida como "diarréia das turfas". Os animais deficientes em cobre têm defeitos ósseos, falta de cor do pelo e a síntese de hemoglobina é prejudicada, a atividade da citocromo oxidase é baixa e aparecem sintomas de anemia (Considine et al 1976).

VIAS METABÓLICAS QUE ENVOLVEM METALOENZIMAS

ENZIMA DE COBRE CITOCROMO OXIDASE

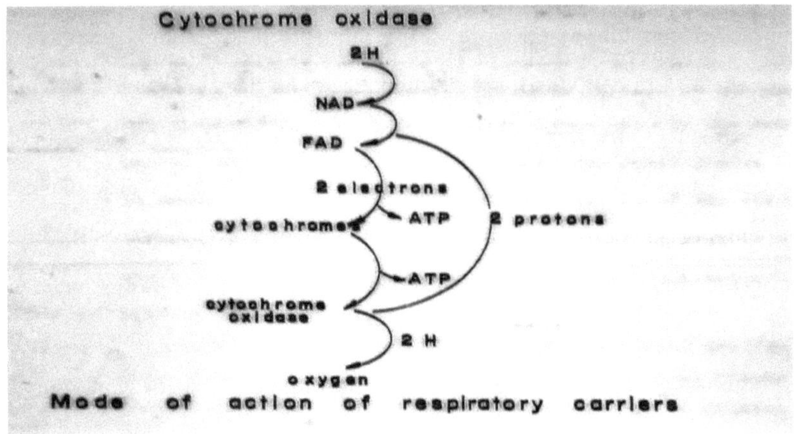

Mode of action of respiratory carriers

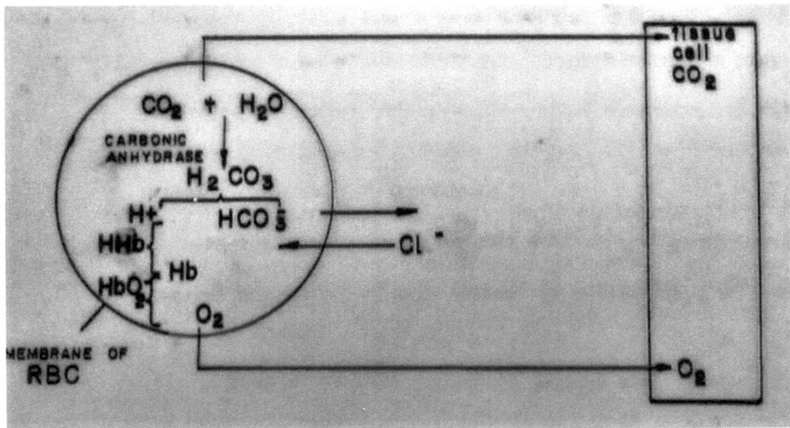

Role of carbonic anhydrase (zinc enzyme) in homeostasis

2.3.2   Zinco em sistemas biológicos

O zinco está amplamente distribuído nos alimentos e bebidas, embora as concentrações possam ser inferiores, especialmente nos produtos transformados de origem vegetal. Em geral, as fontes alimentares mais ricas em zinco são os frutos do mar. As ostras têm uma média de 60 a 1000 mg/kg; as castanhas do Brasil contêm 42 mg/kg e os amendoins torrados e salgados, 30 mg/kg. A couve verde não cozinhada contém 3mg/kg que desce para 2 mg/kg quando cozinhada (Reilly 1980).

A absorção do zinco parece ser regulada pelo estado do zinco no organismo e o ácido fítico, o cálcio e a fibra interferem com a absorção do zinco (Underwood 1975). A biodisponibilidade do zinco parece ser maior nos alimentos de origem animal do que nos de origem vegetal. A presença em alguns alimentos de ligandos que se ligam ao zinco torna o metal mais disponível.

A absorção intestinal parece estar relacionada com o nível de metalotioneína, que sequestra o excesso de zinco nas células da mucosa. O zinco é universalmente necessário para as plantas verdes e é conhecido por ser um constituinte da molécula da enzima anidrase carbónica. O metal é importante na síntese proteica e na transmissão da informação genética, mantendo a configuração da molécula de ARN. Encontram-se concentrações elevadas de zinco (100 - 400 ppm) no osso, no cabelo, em porções da próstata e no olho. O fluido prostático humano contém cerca de dez (10) vezes a concentração de zinco em toda a glândula (Underwood 1975).

Quantidades significativas de zinco estão ligadas a um complexo zinco-cisteína, mas a sua função não é conhecida. Quantidades mais baixas, mas significativas, de zinco na retina podem ser incorporadas em parte com a enzima retineno redutase que catalisa a interconversão do álcool vitamínico (retinol) e do aldeído (retinal) e pode apontar para uma relação vitamina A - zinco.

Outra razão para investigar esta relação é a semelhança geral entre as lesões cutâneas nas deficiências de vitamina A e zinco. Existe uma correlação geral entre o teor de zinco e a atividade da anidrase carbónica do tecido prostático. Os factores que diminuem a biodisponibilidade do zinco resultam em nanismo e falha na maturação sexual. A deficiência de zinco manifesta-se através de numerosos sintomas que incluem níveis baixos de fosfatase alcalina sérica e funcionamento defeituoso das enzimas que contêm zinco.

O metal também desempenha um papel importante na estrutura biológica. Actua, por exemplo, nas células β do pâncreas, onde parece estabilizar a molécula de insulina. Funciona na enzima digestiva carboxi-peptidase A, que decompõe as ligações amida em polipéptidos. O zinco é necessário para a transmissão e o metabolismo normais da vitamina A, o crescimento pré e pós-natal, a reparação de feridas, a queratinização da endoderme, a função imunitária, a acuidade gustativa e a função visual.

A acrodermatite enteropática é um distúrbio hereditário da absorção de zinco que causa atraso no crescimento, diarreia crónica, alopecia e lesões cutâneas incrustadas que começam na primeira infância. A deficiência de zinco também ocorre em alcoólicos devido à excreção urinária excessiva juntamente com níveis baixos de zinco no soro. A dieta média contém aproximadamente 10 a 15 mg de zinco e os números da excreção indicam que isto é adequado para manter um equilíbrio positivo, exceto nos países tropicais, onde a excreção pelo suor pode ser responsável por perdas maiores (Mitchell et al 1963).

O zinco parece ser um fator essencial para a conversão enzimática da forma poliglutamatada do ácido fólico nos legumes para a forma monoglutamatada antes de se poder efetuar a absorção intestinal (Briggs 1984).

BIOQUÍMICA DO COBRE

CITOCROMO OXIDASE

SÍNTESE DE CLOROFILA

FORMAÇÃO DE HEMOGLOBINA

MELANINA NA PELE E NO CABELO

FUNGICIDA

ÁCIDO ASCÓRBICO OXIDASE

BIOQUÍMICA DO ZINCO

ANIDRASE CARBÓNICA

RETINENO REDUTASE

SÍNTESE PROTEICA

INSULINA E REPARAÇÃO DE FERIDAS

CONVERSÃO DO ÁCIDO FÓLICO POLIGLATAMATO EM
VEGETAIS PARA A FORMA DE MONOGLUTAMATO

3   METODOLOGIA

Este estudo qualitativo do teor em micronutrientes dos vegetais verdes pode ser considerado como um complemento ideal para elucidar os resultados obtidos com a realização deste tipo de investigação. A recolha de dados dos testes analíticos efectuados nas amostras permitiu uma maior análise dos vegetais utilizados, não só em termos quantitativos, mas também na sua relação com os benefícios para a saúde.

Assim, ao examinar os factores que influenciam as concentrações de minerais como fitonutrientes nas plantas verdes, determinei a necessidade de uma abordagem anti-positivista para a recolha de dados. A recolha de dados pode, por vezes, ser excessiva e pesada para analisar, mas isso foi atenuado pela redução do número de amostras de teste em primeira instância.

Os dados obtidos a partir dos testes realizados nas amostras forneceram os meios para compreender melhor os factores que contribuíram para os níveis de micronutrientes nos vegetais verdes apresentados pelas plantas obtidas na população da amostra. O meu plano de investigação identificou a necessidade de investigar, não só os factores baseados nos vegetais, mas também outros factores como a demografia, os tipos de solo, as tradições culturais e a exposição a elementos, entre outros. A implementação destas medidas assegurou que a fiabilidade das minhas conclusões fosse controlada de forma mais adequada após a análise dos dados. Decidi realizar uma pesquisa qualitativa para investigar como as plantas seleccionadas (legumes) poderiam fornecer dados sobre o conteúdo nutricional destes alimentos e relacioná-los com a sua adequação na dieta, bem como com os tipos de solo em que foram cultivados.

Não foi possível obter facilmente uma amostra representativa de vegetais verdes da população de plantas, pelo que decidi concentrar-me nos que estavam facilmente disponíveis e nas proximidades da Universidade da Guiana (UG) e do Instituto de

Ciência e Tecnologia Aplicadas (IAST). Isto envolveu dez tipos de plantas que foram depois divididas em cinco, com base nos factores identificados, resultando na seleção de uma amostra manejável para efeitos de ensaio.

O processo de recolha de dados foi realizado em quatro fases.

(i)   Em primeiro lugar, foram utilizados documentos primários, tais como revistas científicas e literatura, para a seleção da amostra, utilizando os critérios indicados. Esta pesquisa documental consumiu muito tempo e, por vezes, não estava facilmente disponível, mas tornou a análise subsequente das amostras menos fastidiosa. Foi também importante para a triangulação, que torna a investigação mais fiável e aumenta a validade do processo.

(ii)   Durante a segunda fase do teste-piloto dos instrumentos, foram efectuadas algumas alterações através da redução da dimensão da amostra.

(iii)   Na terceira fase, as amostras foram cuidadosamente seleccionadas para garantir que não houvesse qualquer preconceito quanto ao tipo e à localização da fonte da planta.

(iv)   A quarta fase envolveu a realização de testes químicos no material vegetal selecionado, utilizando ferramentas analíticas adequadas disponíveis na altura.

Ao comparar os resultados obtidos utilizando diferentes métodos de preparação de amostras em relação à análise dos níveis de nanonutrientes ou "elementos ultra-traço" ou metais em plantas verdes, pude assegurar a validade da minha investigação. Estes resultados foram depois comparados com os resultados obtidos em trabalhos anteriores efectuados nas mesmas instalações, utilizando métodos semelhantes, bem como em investigações realizadas na região e a nível internacional.

3.1   Questões de investigação

Para responder à primeira questão de investigação, foram considerados os dados demográficos do ambiente, bem como a distância da instalação de ensaio. A disponibilidade de micronutrientes em plantas verdes foi explorada para descobrir se a biodisponibilidade de tais elementos estava relacionada com o conteúdo nutricional dos alimentos.

A segunda pergunta de investigação visava saber se a origem e o tipo de plantas utilizadas no estudo e o papel das condições do solo em que foram cultivadas foram determinantes para o êxito da investigação. Foi necessário visitar as explorações agrícolas para ver que práticas hortícolas eram utilizadas e como as plantas eram cultivadas. A terceira questão de investigação envolveu a análise dos dados obtidos na investigação e a comparação com trabalhos semelhantes para determinar as estratégias a utilizar na preparação das Tabelas de Composição dos Alimentos nas Caraíbas.

3.2   **Conceção da experiência**

Instrumentação

Um espetrofotómetro de absorção atómica PYE-UNICAM SP9

Lâmpadas de cátodo oco de cobre e zinco

Gás acetileno

Compressor de ar e estabilizador

Reagentes

Todos os reagentes utilizados eram de grau de reagente analítico.

Solução-padrão de cobre. Dissolver 0,393 g de sulfato de cobre (II), $CuSO_4 .5H_2 O$, em ácido sulfúrico 2N e diluir a 1 litro a 20° C com ácido sulfúrico 2N, de modo a que a solução contenha 100 µg por ml de cobre.

Solução padrão de zinco - 1.000 mg de zinco por ml. Dissolver 1,000 g de zinco metálico CP em 10 ml de ácido nítrico 1N. Diluir e ferver para expulsar os óxidos de azoto. Transferir para um balão volumétrico de 1000 ml, diluir até ao volume e homogeneizar.

Solução-padrão de magnésio. Dissolver 6,040 g de óxido de magnésio em 250 ml de HCl 5M. Diluir para 1 litro num balão volumétrico com água desionizada, de modo a que a solução contenha 10000 µg por ml de magnésio. O magnésio suprime as interferências na análise do zinco.

As experiências foram concebidas para avaliar os métodos de preparação das amostras e para comparar o desempenho do método instrumental baseado na absorção atómica com os métodos químicos existentes para a determinação do elemento.

Conceção das experiências

As experiências foram concebidas para avaliar os métodos de preparação das amostras e comparar o desempenho do método instrumental baseado na espetrofotometria de absorção atómica com os métodos químicos existentes para a determinação de cada elemento.

Soluções standard

Foram efectuados dois conjuntos de soluções-padrão de modo a obter cinco níveis na gama de 0g por ml a 2,00 mg por ml de cobre e de 0 a 2,00 mg por ml de zinco. Para avaliar a variabilidade em cada nível de concentração, os replicados foram medidos primeiro por ordem crescente de concentração e depois por ordem aleatória. Os padrões de zinco aos quais foi adicionado 1000 ppm de Mg mostraram uma absorção melhorada.

Amostras de teste

As amostras de legumes verdes foram digeridas por dois métodos de oxidação húmida e diluídas, quando necessário, até às concentrações necessárias para a análise. Estas foram analisadas pelo espetrofotómetro de absorção atómica e pelo método da ditizona, que é descrito nos métodos da Association of Official Analytical Chemists (AOAC) International.

Durante a análise das amostras de ensaio, que foram efectuadas em duplicado, foram introduzidas soluções-padrão a intervalos regulares, a fim de assegurar que o instrumento funcionava com uma sensibilidade constante.

Os dados exactos obtidos foram utilizados para traçar gráficos de calibração para o cálculo dos resultados, após a análise da linha de regressão ter sido feita com base nos valores da solução padrão.

Espectrofotometria de absorção atómica

O espetrofotómetro de absorção atómica Pye Unicam SP9 possui um monocromador de feixe único com uma gama de comprimentos de onda de 210 nm a 770 nm. A saída do instrumento pode ser lida diretamente a partir de um medidor calibrado. O instrumento foi lido no modo de absorção, sendo a leitura final a média das duas leituras. A aplicação da técnica de absorção atómica oferece vantagens em relação aos métodos químicos clássicos disponíveis, na medida em que permite

i. elevada especificidade para o elemento a determinar
ii. interferência negligenciável de outros elementos inorgânicos
iii. elevado rendimento de amostras e
iv. emprego económico do pessoal.

Os pormenores das condições de funcionamento de cada elemento são apresentados no quadro I.

TABLE I

STANDARD SP9 OPERATING CONDITIONS		
Parameter	**Copper**	**Zinc**
Wavelength, nm	324.8	213.9
Bandpass, nm	0.2 – 0.5	0.2 – 0.5
Flame	Stoichiometric air/acetylene	Stoichiometric air/acetylene
Lamp Current, mA	5	10
Air flow rate (litre per min.)/ 1 min^{-1}	1.0 – 1.3	1.0 – 1.2
Sensitivity, (mg per litre)/ mg l^{-1}	0.035	0.01

Preparação da amostra

a. <u>Cobre, por oxidação húmida</u>.

Uma seleção de cinco (5) legumes verdes foi tratada da seguinte forma:

Dois (2) gramas de matéria vegetal finamente moída, após secagem em estufa a cerca de 80° C, foram pesados em frascos Kjeldahl de 50 ml e oxidados por via húmida com 25 ml de ácido nítrico concentrado e 10 ml de ácido sulfúrico concentrado. Esta mistura de digestão foi posteriormente modificada para 10 ml de cada um dos ácidos nítrico e sulfúrico concentrados com 10 ml de ácido perclórico. O digerido foi diluído e completado até 50 ml num balão graduado. Todos os reagentes foram medidos de modo a que as mesmas quantidades fossem utilizadas no branco de reagentes. Em seguida, adicionou-se cobre (20 ppm) a cada matéria-prima e repetiu-se o procedimento completo para testar a recuperação.

b. <u>Cobre, por incineração a seco</u>. As mesmas amostras referidas na alínea a) foram tratadas do seguinte modo

Uma amostra de quatro gramas (4g) foi pesada num pequeno cadinho e colocada na mufla a 450° C +/- 20° . Tomou-se o cuidado de assegurar que a amostra não se incendiasse quando colocada na mufla quente. As cinzas foram extraídas em água régia (ácido nítrico em HCl 1:1) ou HNO3:HCl, como descrito no artigo de Middleton.

    c. <u>Zinco, por oxidação húmida</u>. A seleção de material vegetal, para determinar a recuperação de cobre, foi também utilizada para testar a recuperação de zinco. O zinco foi adicionado a um nível de 20 ppm a cada material. 1000 ppm de magnésio foram adicionados a cada amostra no novo método de digestão.

    d. <u>Zinco, por incineração a seco</u>. Foi utilizada a mesma solução preparada para o ensaio do cobre.

3.3   Procedimento experimental para a determinação de cobre e zinco por AAS

<u>Soluções standard</u>

<u>Princípio do método para o Zinco, Zn</u>

Uma solução contendo os compostos de zinco é atomizada e misturada com uma mistura de gás/ar antes de entrar na chama do aparelho AA.

A radiação de ressonância (a radiação emitida quando um átomo de zinco excitado regressa ao seu estado fundamental a partir do seu estado excitado mais próximo) é passada através da chama e a quantidade de luz absorvida é medida. A concentração de zinco em soluções de amostra pode ser medida por referência a um gráfico de calibração.

As medições de absorção atómica de soluções de zinco são normalmente efectuadas a 213,8 nm. Nesta região do espetro eletromagnético, a energia é mantida através da utilização de fendas mais largas e uma tensão mais elevada compensa a sensibilidade reduzida do fotomultiplicador. Os produtos de combustão incompleta também absorvem a luz em maior quantidade do que nos comprimentos de onda mais longos (Pinta 1975).

Princípio do método para o cobre, Cu

Devem ser utilizadas as condições de funcionamento recomendadas. O zero deve ser estabelecido utilizando um branco adequado e as soluções-padrão para a calibração devem ser preparadas de modo a terem a mesma composição ácida. O instrumento deve ser montado com o monocromador regulado para 324,8 nm e com a largura da fenda ajustada de modo a obter uma relação sinal/ruído aceitável. Estão disponíveis instrumentos capazes de detetar apenas 0,01 ppm de cobre (Pinta 1975).

3.4   Amostragem

Não existe um modelo representativo único para a amostragem, uma vez que os métodos de amostragem podem variar de um investigador para outro.

Para a distribuição destas plantas, decidi utilizar uma amostragem intencional para garantir que a amostra incluía cinco (5) plantas categorizadas como tendo um elevado teor de nutrientes e cinco (5) plantas cujo teor de nutrientes não era amplamente conhecido. Este tipo de amostragem foi o mais adequado para as necessidades deste estudo de investigação, porque constituiu uma amostra que satisfazia as minhas necessidades específicas. Cohen (2003:103) sugere que os investigadores escolham a dedo os casos a incluir na amostra com base no seu julgamento da sua tipicidade. Desta forma, constroem uma amostra que é satisfatória para as suas necessidades específicas, a fim de obterem respostas às questões de investigação

A análise destes registos forneceu dados para compilar, de cada classe, uma lista de dez (10) plantas que foram divididas em cinco grupos, cada um com duas plantas. De cada um dos cinco grupos, do Grupo I ao Grupo V, foi selecionado um (1) dos dois (2) para obter uma amostra representativa de cada classe. O resultado foi uma amostra de cinco (5) plantas.

A amostra foi constituída por um grupo misto de plantas, independentemente do género, envolvidas no projeto de investigação para analisar o teor de micronutrientes em cada amostra.

Foram utilizados os seguintes métodos para obter dados sobre as amostras da investigação:

(i) As amostras foram recolhidas e preservadas ou armazenadas antes de serem preparadas para análise química.

(ii) As amostras foram pesadas com precisão utilizando balanças electrónicas.

(iii) A investigação documental envolveu a recolha de dados em revistas científicas e manuais escolares.

(iv) Seleção da amostra. Um grupo de dez plantas verdes foi identificado e depois subdividido em cinco conjuntos, cada um composto por duas (2) plantas. Para garantir que estavam dentro dos critérios, escolhendo uma de cada conjunto, foram seleccionadas cinco plantas como objeto de investigação.

4 RESULTADOS DA INVESTIGAÇÃO

Os teores de cobre e de zinco obtidos para os cinco legumes verdes analisados por espetrofotometria de absorção atómica revelaram ligeiras variações utilizando técnicas de incineração por via seca em comparação com o método de oxidação por via húmida. Verificou-se uma alteração na composição do ácido de digestão utilizado, bem como nas novas amostras obtidas em condições climatéricas secas. O objetivo era comparar os teores de cobre e de zinco nos legumes verdes em diferentes condições, a fim de verificar a sua relação. O quadro II (a) apresenta os resultados obtidos para as técnicas utilizadas no tratamento das amostras.

METHOD OF CONVERSION OF VALUES OBTAINED IN DRY WEIGHT TO WET WEIGHT

Formula

Amount of metal (mg/100ml) x <u>Volume of solution used</u>
Amount of dry sample

$$= \quad \text{X mg/100g dry wt.}$$

To convert X mg /100g dry wt. to wet wt.

Multiply percentage dry wt. of sample (100 - % moisture)

= X mg/100g / % dry wt. = Y mg/100g wet wt.

e.g. (1) % Dry wt. = 4.25%

Zinc metal = 0.11 mg/100ml

$$\frac{0.11\,\text{mg}}{100\,\text{ml}} \quad \text{x} \quad \frac{50\,\text{ml}}{2.0\,\text{g}} \quad = \quad 2.75\,\text{mg/100g dry wt.}$$

Wet weight = 2.75mg/100g x 4.25% = 0.117mg/100g wet wt.

$$= \quad 0.12 \quad \text{mg/100g wet wt.}$$

4.1 <u>CÁLCULOS</u>

<u>LETTUCE</u>

Moisture	=	95.75%	Dry wt. % = 4.25%
Wet wt.	=	Dry wt. / 0.0425	
2.0g Dry wt	=	47.06g wet wt.	

<u>Copper</u>

$$\frac{0.11\text{mg}}{100\text{ml}} \quad \times \quad \frac{50\text{ml}}{2.0\text{g}} \quad = \quad 2.75\text{mg/100g dry wt.}$$

$$\frac{2.75}{100/4.25} \quad = \quad 0.1169\text{mg/100g wet wt.}$$

$$= \quad 0.12 \quad \text{mg/100g wet wt.}$$

<u>Zinc</u>

$$\frac{0.45\text{mg}}{100\text{ml}} \quad \times \quad \frac{50\text{ml}}{2.0\text{g}} \quad = \quad 11.25\text{mg/100g dry wt.}$$

Wet weight = 11.25mg/100g x 4.25%   =   0.478 mg/100g wet wt.

$$= \quad 0.48 \quad \text{mg/100g wet wt.}$$

<u>**PAKCHOY**</u>

Moisture	=	**95.25%**	**Dry wt. % = 4.75%**	
Wet wt.	=	**Dry wt.**	**/**	**0.0475**
2.0g Dry wt.	=	**42.11g wet wt.**		

<u>**Copper**</u>

$$\frac{0.03}{100ml} \times \frac{50ml}{2.0g} = 0.75mg/100g \text{ dry wt.}$$

$$\frac{0.75}{100/4.75} = 0.0356mg/100g \text{ wet wt.}$$

$$= 0.04mg/100g \text{ wet wt.}$$

<u>**Zinc**</u>

$$\frac{0.44mg}{100ml} \times \frac{50ml}{2.0g} = 11.0mg/100g \text{ dry wt.}$$

Wet weight = 11.0mg/100g x 4.75% = **0.5225 mg/100g wet wt.**

$$= 0.52 \text{ mg/100g wet wt.}$$

CABBAGE

Moisture   =   92.58%   Dry wt. % = 7.42%

Wet wt.   =   Dry wt.   /   0.0742

2.0g Dry wt.   =   26.95g wet wt.

Copper

$$\frac{0.1mg}{100ml} \times \frac{50ml}{2.0g} = 0.25mg/100g \text{ dry wt.}$$

$$\frac{0.25}{100/7.42} = 0.0186mg/100g \text{ wet wt.}$$

$$= 0.02mg/100g \text{ wet wt.}$$

Zinc

$$\frac{0.27mg}{100ml} \times \frac{50ml}{2.0g} = 6.75mg/100g \text{ dry wt.}$$

Wet weight $= 6.75mg/100g \times 7.42\% = 0.501 \ mg/100g$ wet wt.

$$= 0.50 \ mg/100g \text{ wet wt.}$$

CALALOO

Moisture	**=**	**96.05%**	**Dry wt. % = 3.95%**	
Wet wt.	**=**	**Dry wt.**	**/**	**0.0395**
2.0g Dry wt.	**=**	**50.63g wet wt.**		

Copper

$$\frac{0.04\text{mg}}{100\text{ml}} \quad \times \quad \frac{50\text{ml}}{2.0\text{g}} \quad = \quad 1.00\text{mg}/100\text{g dry wt.}$$

$$\frac{1.0}{100/3.95} \quad = \quad 0.0395\text{mg}/100\text{g wet wt.}$$

$$= \quad 0.04\text{mg}/100\text{g wet wt.}$$

Zinc

$$\frac{0.46\text{mg}}{100\text{ml}} \quad \times \quad \frac{50\text{ml}}{2.0\text{g}} \quad = \quad 11.5\text{mg}/100\text{g dry wt.}$$

Wet weight = 11.5mg/100g x 3.95% $\quad = \quad$ **0.454 mg/100g wet wt.**

$$= \quad 0.45 \text{ mg}/100\text{g wet wt.}$$

<u>**CHOWRIE**</u>

Moisture	=	**88.12%**	**Dry wt. % = 11.88%**	
Wet wt.	=	**Dry wt.**	**/**	**0.1188**
2.0g Dry wt.		=	**16.84g wet wt.**	

Copper

$$\frac{0.05mg}{100ml} \quad \text{x} \quad \frac{50ml}{2.0g} \quad = \quad 1.25mg/100g \text{ dry wt.}$$

$$\frac{1.25}{100/11.88} \quad = \quad 0.15mg/100g \text{ wet weight}$$

Zinc

$$\frac{0.54mg}{100ml} \quad \text{x} \quad \frac{50ml}{2.0g} \quad = \quad 13.5mg/100g \text{ dry wt.}$$

Wet weight = 13.5mg/100g x 11.88% = 1.60 mg/100g wet wt.

  = 1.60 mg/100g wet wt.

TABLE II (a)

COMPARISON OF WET OXIDATION AND DRY ASHING IN SAMPLE PREPARATION/ DETERMINATION OF COPPER AND ZINC BY AAS

VEGETABLE	RUN I	RUN II	RUN III	RUN IV	RUN V	AVG mg/100ml
LETTUCE, Cu	0.10	0.02	0.15	0.07	0.03	0.11
LETTUCE, Zn	0.48	0.40	0.25	0.98	0.14	0.45
PAKCHOY,Cu	0.02	0.02	0.02	0.02	0.05	0.03
PAKCHOY, Zn	0.51	0.24	0.40	0.46	0.58	0.44
CABBAGE, Cu	0.01	0.01	-	0.01	0.01	0.01
CABBAGE, Zn	0.22	0.30	-	0.28	0.26	0.27
CALALOO, Cu	0.04	0.04	0.04	0.05	0.04	0.04
CALALOO, Zn	0.38	0.21	0.26	0.43	1.04	0.45
CHOWRIE, Cu	0.06	0.05	0.04	0.05	0.03	0.05
CHOWRIE, Zn	0.86	0.64	0.26	0.42	0.51	0.54

Fonte: Instituto de Ciência e Tecnologia Aplicada, Turkeyen, Guiana

TABLE II (b)

COMPARISON OF WET OXIDATION IN SAMPLE PREPARATION PROCEDURES FOR COPPER AND ZINC DETERMINATION.

MINERAL COMPOSITION (mg/100g)

VEGETABLE	ELEMENT	I	+II
LETTUCE	Cu	0.12	-
	Zn	0.48	1.85
PAKCHOY	Cu	0.04	0.06
	Zn	0.52	0.85
CABBAGE	<Cu	0.02	-
	Zn	0.50	0.9
CALALOO	Cu	0.04	-
	<Zn	0.45	1.0
CHOWRIE	*Cu	0.15	-
	*Zn	1.60	-

Fonte: Instituto de Ciência e Tecnologia Aplicada, Turkeyen, Guiana

Highest levels   *
Lowest levels   <

I   **Results obtained using acid mixture**
HNO_3 : H_2SO_4 : $HClO_4$
    1   :   1   :   1
II   **Results obtained using acid mixture**
HNO_3 : H_2SO_4 : $HClO_4$
    10   :   1   :   1.5
+ Courtesy of I.A.S.T.

COR NOS LEGUMES VERDES

CLOROFILA A E CLOROFILA B

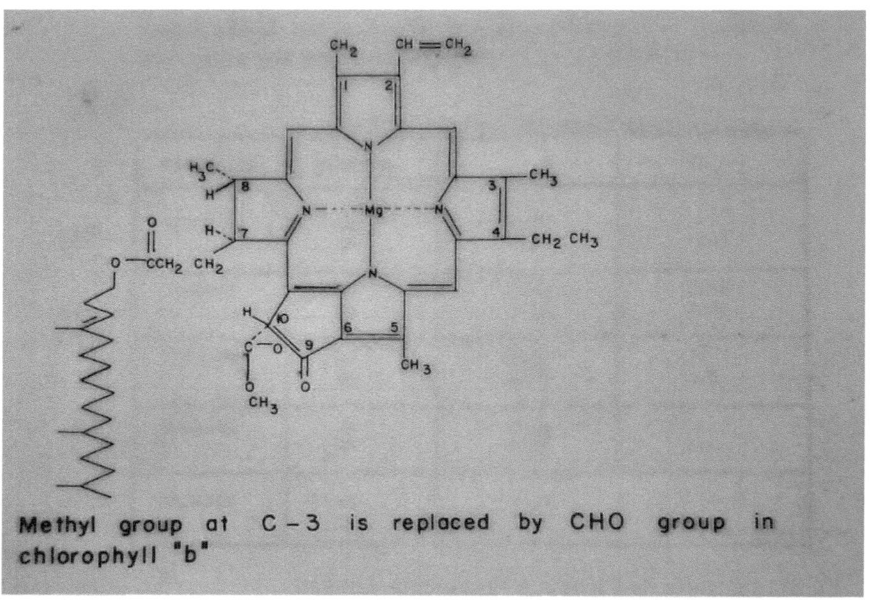

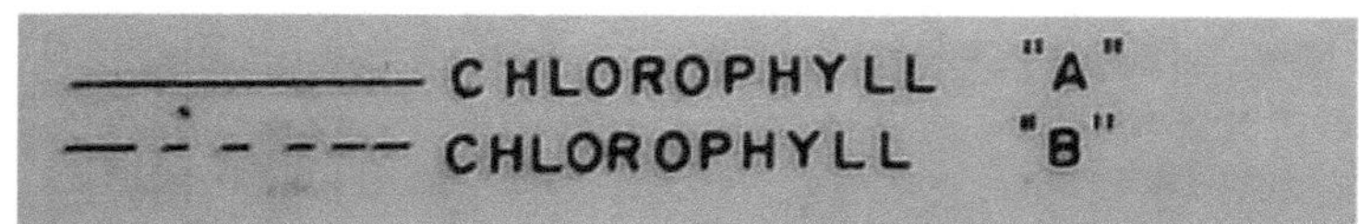

Fonte: Jornal de Biologia Experimental

ESPECTRO DE ABSORÇÃO DA CLOROFILA

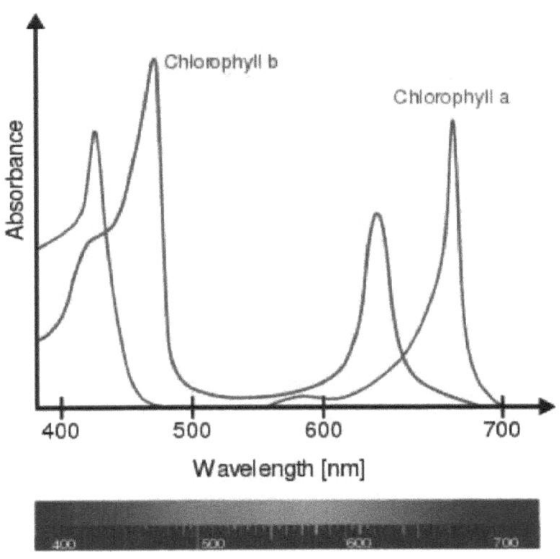

Fonte: Jornal de Biologia Experimental

CURVAS ESPECTROFOTOMÉTRICAS DE OBJECTOS COLORIDOS

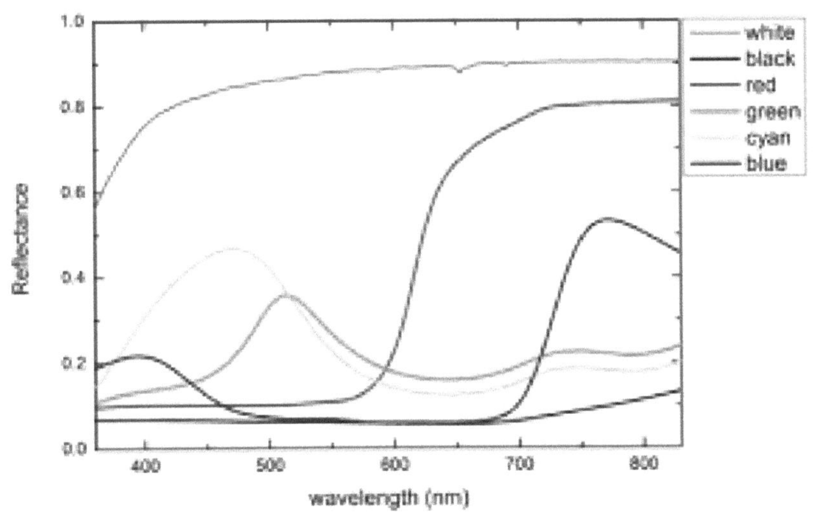

Fonte: Jornal de Biologia Experimental

4.2   Tratamento dos resultados

4.2.1 Redução de dados

Estes dados apresentavam-se sob a forma de um certo número de plantas possíveis, a partir das quais foi feita a seleção final. Uma vez que a população de plantas verdes utilizada neste estudo era de dez, foi tido em conta o tempo necessário para preparar as amostras para análise, pelo que foram colocadas em cinco grupos de duas. Nas circunstâncias desta investigação empírica, não há diferença estatística significativa no resultado.

4.2.2 Visualização de dados

A análise de correlação e regressão foi utilizada para determinar os níveis de metais nos vegetais verdes com algum grau de exatidão. As tabelas mostram os resultados dos níveis de recuperação de cobre e zinco nos vegetais verdes obtidos utilizando diferentes técnicas de preparação de amostras. Foram traçados gráficos para mostrar as recuperações utilizando os métodos de oxidação húmida e de incineração a seco.

A análise da linha de regressão foi efectuada utilizando os dados obtidos a partir do gráfico da absorvância versus concentração das soluções padrão de zinco e das soluções padrão de cobre. Os níveis de cobre e zinco nas plantas verdes puderam ser determinados com grande exatidão utilizando estas curvas de calibração (Apêndices I - VI).

4.2.3 Conclusões

Os principais resultados desta investigação indicam que os diferentes níveis de nanonutrientes ou "minerais ultra-traço" presentes nos legumes verdes podem ser determinados através da realização de vários métodos de oxidação e da utilização de métodos instrumentais e químicos para deduzir os seus níveis.

TABLE III

ZINC RECOVERIES BY WET OXIDATION

VEGETABLE	NATURAL ZINC LEVEL, ppm WET OXIDATION		B/G ZINC, ppm	ADDED ZINC, ppm	TOTAL ZINC, ppm	PERCENT RECOVERY %
	*1:1:1	*2:2:1				
LETTUCE	1.4	1.3	1.4	20.0	32.0	150
PAKCHOY	5.6	5.9	5.8	20.0	26.0	101
CABBAGE	2.7	2.4	2.6	20.0	20.0	89
CALALOO	10.4	10.4	10.4	20.0	30.0	99
CHOWRIE	4.5	5.6	5.1	20.0	25.0	100

Fonte: Instituto de Ciência e Tecnologia Aplicada, Turkeyen, Guiana

*   Ratio of acid mixture

$HNO_3:H_2SO_4:HClO_4$

TABLE IV

COPPER RECOVERIES BY WET OXIDATION

VEGETABLE	NATURAL COPPER LEVEL, ppm WET OXIDATION		B/G COPPER ppm	ADDED COPPER ppm	TOTAL COPPER ppm	PERCENT RECOVERY %
	*1:1:1	*2:1:2				
LETTUCE	0.26	0.34	0.30	20.0	22.2	109
PAKCHOY	0.47	0.46	0.47	20.0	22.2	109
CABBAGE	0.10	0.10	0.10	20.0	25.5	127
CALALOO	0.44	0.44	0.44	20.0	22.2	109
CHOWRIE	0.26	0.38	0.32	20.0	26.7	131

Fonte: Instituto de Ciência e Tecnologia Aplicada, Turkeyen, Guiana

*   **Ratio of acid mixture**
$HNO_3:H_2SO_4:HClO_4$

TABLE V

FOOD COMPOSITION IN 100g EDIBLE PORTION SHOWING ZINC-VITAMIN A RELATIONSHIP AND MOISTURE CONTENT

VEGETABLE	!WATER %	MOISTURE, %	!VIT A / RE	ZINC mg/g	ppm mg/ml
LETTUCE, *Lactuca sativa, Iceberg Green*	95.5 94.0	95.8 93.8	35 190	4.8	4.5
PAKCHOY, **Brassica chinensis**	95.0	95.0	350	5.2	4.4
CABBAGE, **Brassica oleracea var. capitata**	* 91.8	92.7	10	5.0	2.7
CALALOO, (*AMARANTH LEAVES*) **Amaranthus spp.**	* 86.6	95.0	* 885	4.5	4.6
CHOWRIE, **Amaranthus viridis**	-	* 86.5	-	* 16.0	* 5.4

Fonte: Instituto de Ciência e Tecnologia Aplicadas, Turkeyen, Guiana

! Courtesy of CFNI Kingston, Jamaica 1974

*Amaranthus spp. compares closely with CHOWRIE

|1Retinol Equivalent (RE)   = 1μg retinol = 3.3 IU Vitamin A|

5 DISCUSSÃO

**Os níveis de oligoelementos encontrados nas plantas e
no solo são melhor referidos como nanonutrientes, uma
vez que a sua ocorrência nestes ambientes é geralmente
em partes por bilião.**

Heyliger 2017:1

5.1 Análise dos nanonutrientes baseada em provas

A partir dos níveis de cobre e zinco no quadro II (b), observou-se que o chowrie,

O <u>Amaranthus viridis</u> contém os níveis mais elevados de cobre, 0,15 mg/100g (ou 1500 ng/g) e o nível mais elevado de zinco, 1,60 mg/100g (16000 ng/g).

O repolho, <u>Brassica oleracea var. capitata</u>, apresentou o nível mais baixo de cobre, 0,02mg/100g (200ng/g) e o calaloo (folha grossa) apresentou o nível mais baixo de zinco, 0,45mg/100g (4500ng/g).

Os valores obtidos não foram muito semelhantes a todos os resultados obtidos em trabalhos anteriores efectuados no Instituto de Ciências Aplicadas e Tecnologia. No entanto, este facto pode dever-se a uma série de combinações dos seguintes factores:

i. as diferentes condições em que a preparação das amostras foi efectuada.

ii. a quantidade de amostra utilizada foi muito menor, 0,3g - 0,5g

iii. a composição do ácido oxidante estava numa proporção diferente, $HNO3 : H_2 SO_4 : HClO_4$ na proporção de 10:1,0:1,5 em comparação com a proporção de 1:1:1 utilizada nesta determinação e

iv. a variedade de legumes verdes utilizados pode não ter sido idêntica.

As quantidades de cobre e zinco nos produtos hortícolas verdes alface, pakchoy, couve, calaloo e chowrie foram determinadas por espetrofotometria de absorção atómica, sendo os resultados muito reprodutíveis para ambos os métodos de incineração seca e oxidação húmida utilizados. Verificou-se que a alface tinha quase o segundo teor mais elevado de cobre, com 0,12 mg/100g (1200 ng/g), depois do chowrie, com 0,15 mg/g (1500 ng/g), enquanto a couve era a fonte mais pobre de cobre, com 0,02 mg/100g (200 ng/g). A couve também aparece entre os legumes com menor teor de zinco, com 0,50 mg/100g, enquanto o chowrie apresenta o maior teor de zinco, com 1,60 mg/100g (16000 ng/g).

Os outros vegetais verdes apresentaram níveis de zinco entre 0,45 e 0,52mg/100g (4500ng/g e 5200 ng/g).

O teor de humidade da alface foi reduzido nas novas amostras, o que pode dever-se às condições de tempo seco ou ao facto de ter sido analisada uma variedade diferente. Verificou-se uma estreita correlação entre o teor de vitamina A em equivalentes de retinol, o teor de ER e o teor de zinco, como se mostra no quadro V.

A presença de carcinogéneos em áreas com consumo marginal de zinco e, consequentemente, níveis de vitamina A criaria um grande risco para a saúde, tornando a população mais suscetível a cancros. Os resultados obtidos são semelhantes aos encontrados na literatura (H J Heinz Company Nutritional Data 3rd ed), que dá uma gama de valores para o zinco como se segue. Espinafres, relacionados com calaloo e chowrie, como 0,3 - 0,9 mg/100g (3000 - 9000 ng/g), alface, 0,1 - 0,7 mg/100g (1000 - 7000 ng/g) e couve, 0,2 - 1,5 mg/100g (2000 - 15000 ng/g).

5.2 Projecções para análise de dados

As curvas ou gráficos de calibração traçados em cada uma das cinco (5) séries efectuadas foram obtidos a partir de padrões submetidos a uma análise de regressão para obter a melhor reta. Por exemplo, o desvio-padrão obtido para os teores de cobre nas couves foi igual a zero, o que atesta a reprodutibilidade dos resultados. Os coeficientes de correlação situam-se entre 0,9948 e 1,00.

Os padrões utilizados na primeira série foram posteriormente analisados por espetrofotometria de absorção atómica e os resultados foram consistentes com os originais, mostrando que a qualidade de conservação destas soluções foi boa durante um período de 5 a 6 meses.

A alteração do método de digestão, com a utilização de ácido perclórico, aumentou significativamente a velocidade de digestão pelo método de oxidação húmida, que normalmente demorava cerca de dois a três dias. O método de incineração por via seca é mais rápido, sendo concluído em poucas horas ou durante a noite.

A análise do cobre e do zinco pelo método da ditizona, que consiste em complexar os iões de cobre e de zinco com difeniltiocarbazona, formando complexos coloridos que são extraídos em tetraclorometano e lidos no espetrofotómetro UV-VIS, foi realizada com pouco tempo.

As primeiras séries produziram resultados com pouca reprodutibilidade. Tal deve-se ao facto de os complexos serem muito dependentes do pH e de as cores serem instáveis. O método da ditizona deveria ser objeto de trabalhos complementares, uma vez que, segundo Rogers e Higgins (1977), é possível verificar uma estreita concordância entre este método e a espetrofotometria de absorção atómica.

Não foi possível comparar o método da ditizona com os resultados obtidos por AAS porque os resultados obtidos na análise das extracções de ditizona no espetrofotómetro UV- VIS não foram reprodutíveis. O método da ditizona consiste na quelação ou complexação dos iões metálicos Cu^{2+} e Zn^{2+} com difeniltiocarbazona (ditizona) e na extração dos complexos formados com tetraclorometano (Furman 1961, 1962).

Este método foi em grande parte substituído pela espetrofotometria de absorção atómica, mas foi feita uma comparação entre a espetrofotometria de absorção atómica e os métodos espectrofotométricos UV- VIS para a determinação do zinco por

Rogers, enquanto Higgins e Pickering comentaram a precisão alcançável (1962). Em geral, estes estudos mostraram que a concordância entre os resultados obtidos por diferentes métodos é boa. Os resultados obtidos por Roach et al. para o cobre, o zinco e o magnésio em alimentos para animais mostram também uma boa correlação entre os valores obtidos por AAS e por extração com ditizona (1968). A utilização de um medidor de pH asseguraria um maior controlo do pH das soluções, tornando os complexos mais estáveis.

O tetraclorometano, CCl_4, teve de ser redestilado para remover impurezas como os iões de ferro (III), Fe^{3+}, e seco com sulfito de sódio, $Na_2 SO_3$.

No entanto, a espetrofotometria de absorção atómica é muito precisa, embora demorada, quando se utiliza o método de oxidação por via húmida e é, em geral, o método de eleição para a determinação dos teores vestigiais e ultra-traço (nanodeterminação) de cobre e zinco presentes nos produtos hortícolas verdes. Este método apresenta poucos problemas, uma vez que é sensível e tem poucas interferências devidas à absorção de outros elementos. A recuperação do cobre e do zinco apresenta também resultados relativamente bons. A regressão linear dos valores de absorvância traçados em função da concentração da substância a analisar nos padrões, partindo do princípio de que a lei de Beer é verdadeira, dá origem a uma curva de calibração com uma equação específica.

A concentração do ião na substância a analisar é então obtida substituindo a absorvância da amostra na expressão de calibração e calculando o valor.

Em conclusão, é meu desejo ardente que esta publicação sirva para resolver a escassez de informação sobre o conteúdo de oligoelementos, a que me refiro como nanonutrientes, nas Tabelas de Composição dos Alimentos do Instituto de Alimentação e Nutrição das Caraíbas e nas Tabelas de Composição dos Alimentos da Guiana, e que sirva também como um impulso para mais investigação e aplicação neste domínio.

6   CONCLUSÃO E RECOMENDAÇÕES

Os nanonutrientes ou ultra-oligoelementos, que se encontram nas plantas verdes à medida que são sequestrados do solo em que crescem, tendem a acumular-se nas folhas, caules, raízes e tubérculos e podem ser utilizados para fornecer requisitos adequados aos animais, bem como para a sua biodisponibilidade durante o consumo humano.

O ensaio destes nanonutrientes, que normalmente ocorre em concentrações próximas de nanogramas/grama de peso seco ou partes por bilião (ppb), pode ser extremamente difícil. Uma vez que a reprodutibilidade dos resultados é afetada por vários factores, é necessário respeitar rigorosamente os princípios científicos na conceção das experiências. Esses factores podem incluir um ou mais dos seguintes

i.   os níveis podem estar mais ou menos concentrados em zonas especiais, como a parte da planta que está a ser colhida

ii.   tipo de solo

iii.   tratamento da amostra ou método de oxidação

iv.   estádio de maturação e variação sazonal

v.   métodos instrumentais ou químicos de análise e

vi.   interacções com outros produtos químicos ou minerais no solo.

A influência destes factores pode ser atenuada assegurando que as amostras são colhidas, tanto quanto possível, no mesmo ambiente e nas mesmas condições quando se efectuam análises em duplicado.

REFERÊNCIAS

Albanese A (1970) Newer Methods on Nutritional Biochemistry Vol III Academic Press New York USA 341 -342

Braverman J B (1963) Introduction to Biochemistry of Foods Elsevier Publishing Company New York

Briggs M H (1984) Recent Vitamin Research Deakin University Geelong Victoria Australia C R C Press Incorporated Boca Raton Florida

Considine D M et al (1976) Van Nostrand's Scientific Encyclopaedia (6ed) Vol I e II Van Nostrand Reinhold Company New York USA

De e Chalmers (1970) Extração de metais por solventes

Furman N H (1961) Standard Methods of Chemical Analysis (6ed) Vol I Van Nostrand Company Inc. Nova Iorque EUA

Hanson N W (1973) Official Standardised and Recommended Methods of Analysis. Sociedade de Química Analítica de Londres

Dados nutricionais da Heinz H J Company 3rd ed

Heyliger A E (1988) Investigação não publicada em Química Analítica Universidade da Guiana Turkeyen Grande Georgetown Guiana

Jacobs (1968) Chemical Analysis of Food and Food Products (Análise Química de Alimentos e Produtos Alimentares)

Jornal de Biologia Experimental

Martin N H (1962) A Handbook of Colorimetric Chemical Analytical Methods Evans The Tintometer Limited Salisbury England.

Mitchell H et al (1963) Cooper's Nutrition in Health and Disease J B Lippincott Empresa 73-74

Nicholas D J et al (1968) Trace Elements in Soil Plant Animal Systems

Omowale (1973) Guyana's Edible Plants University of Guyana Turkeyen Greater Georgetown Guyana

Pinta M (1975) Atomic Absorption Spectrophotometry J Wiley and Sons New York USA

Reilly C (1979) Metal Contamination of Food Applied Science Publishers Ltd. Londres.

Roe D A (1979) Clinical Nutrition for the Health Scientist CRC Press 15 - 16.

The Analyst (1968) Determination of Trace Amounts of Copper, Zinc and Magnesium in Animal Feeds by Atomic Absorption Spectrophotometry Vol 93 42 - 49.

The Analyst (1977) Determination of Metals in Food Vol 102 No 225 42 - 49

The Analyst (1977) Determination of Metals in Food Vol 106 No 1298 182 -187

Underwood E J (1975) Trace Elements in Human and Animal Nutrition (4th ed) Academic Press New York San Francisco USA 466 - 476.

Varley H et al (1978) Practical Clinical Biochemistry Vol II (5th ed) William Heinemann Medical Book

Vogel A I (1966) A textbook of Quantitative Inorganic Analysis 3rd ed Wiley New York

Vogel A I (1982) A textbook of Macro and Semimicro Qualitative Inorganic Analysis 5th ed London and New York 450-452

Yeung D L et al (2003) Heinz Nutritional Handbook H J Heinz Company

ZINCO NOS LEGUMES VERDES POR AAS

Absorvância vs Concentração, ppm

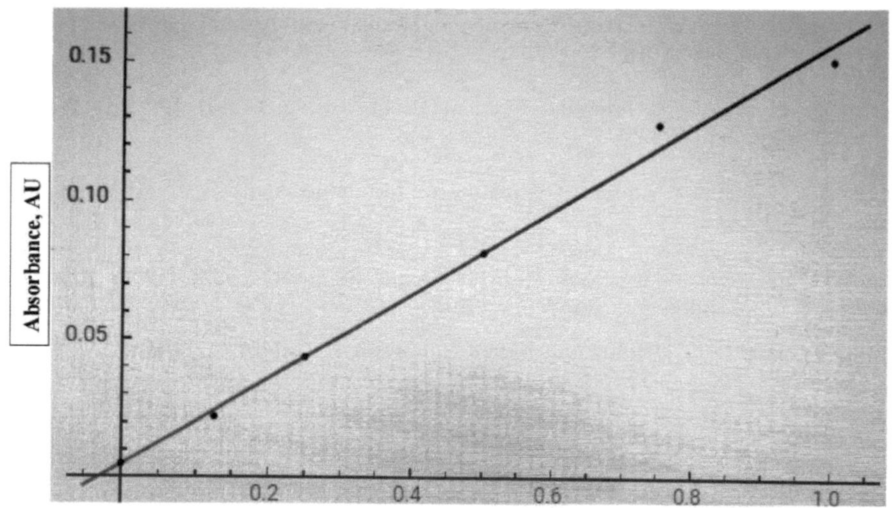

Concentration, ppm Zn

Regression line		**0.158x +0.0456**
R^2	=	0.993
Adjusted R^2	=	0.992

COBRE NOS LEGUMES VERDES POR AAS

Absorvância vs Concentração, ppm

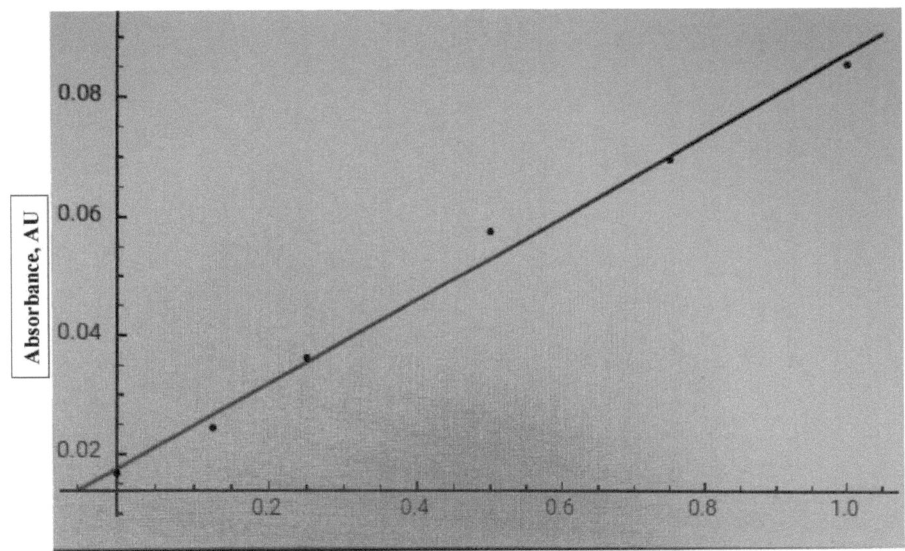

Regression line		**$0.073x$ +0.1175**
R^2	=	**0.9919**
Adjusted R^2	=	**0.9898**

APÊNDICE III

ZINCO NOS LEGUMES VERDES POR AAS

Absorvância vs Concentração, ppm

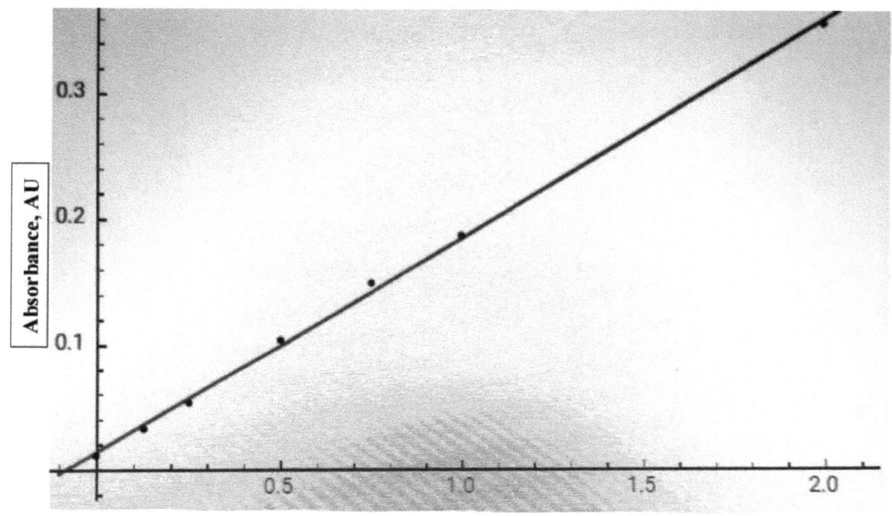

Concentration, ppm Zn

Regression line		$0.7170x + 0.0146$
R^2	$=$	0.9988
Adjusted R^2	$=$	0.9986

APÊNDICE IV

COBRE NOS LEGUMES VERDES POR AAS

Absorvância vs Concentração, ppm

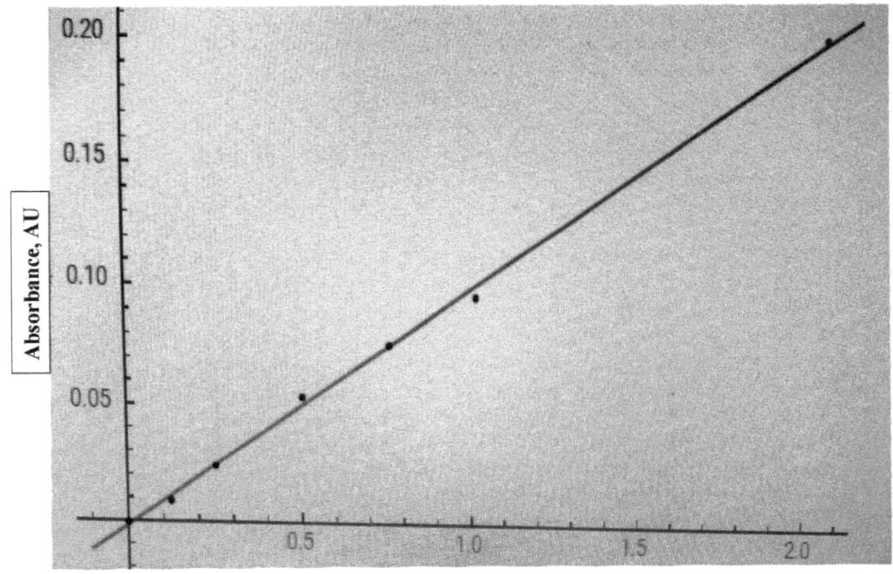

Concentration, ppm Cu

Regression line		$0.1058x - 0.00197$
R^2	=	0.9986
Adjusted R^2	=	0.9983

RECUPERAÇÕES DE ZINCO POR OXIDAÇÃO HÚMIDA

Absorvância vs Concentração, ppm

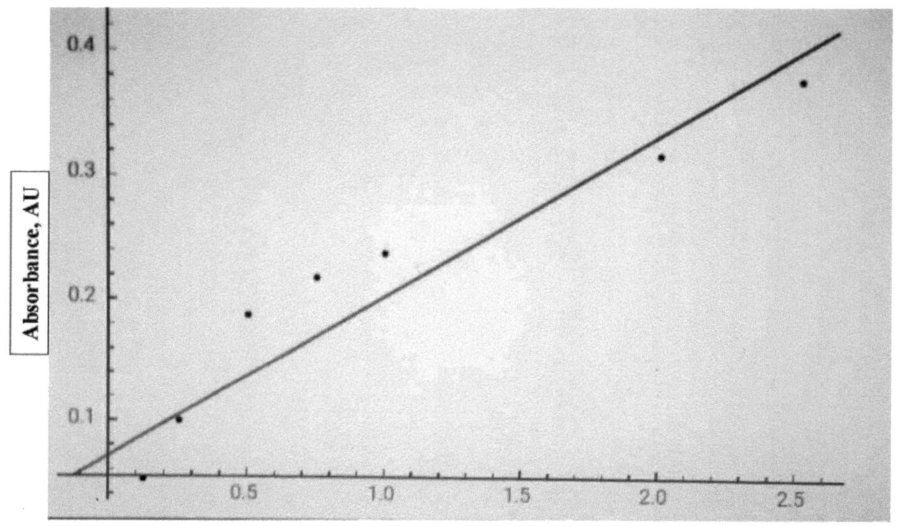

Concentration, ppm Zn

Regression line		$0.1329x + 0.0711$
R^2	=	0.8996
Adjusted R^2	=	0.8829

RECUPERAÇÕES DE COBRE POR OXIDAÇÃO HÚMIDA

Absorvância vs Concentração, ppm

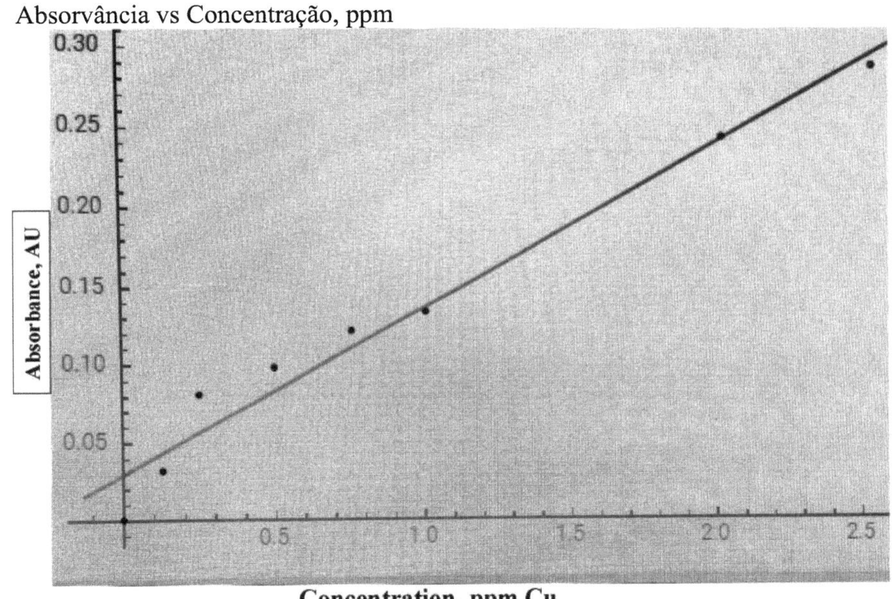

Regression line		0.1096x +0.0295
R^2	=	0.9716
Adjusted R^2	=	0.9670

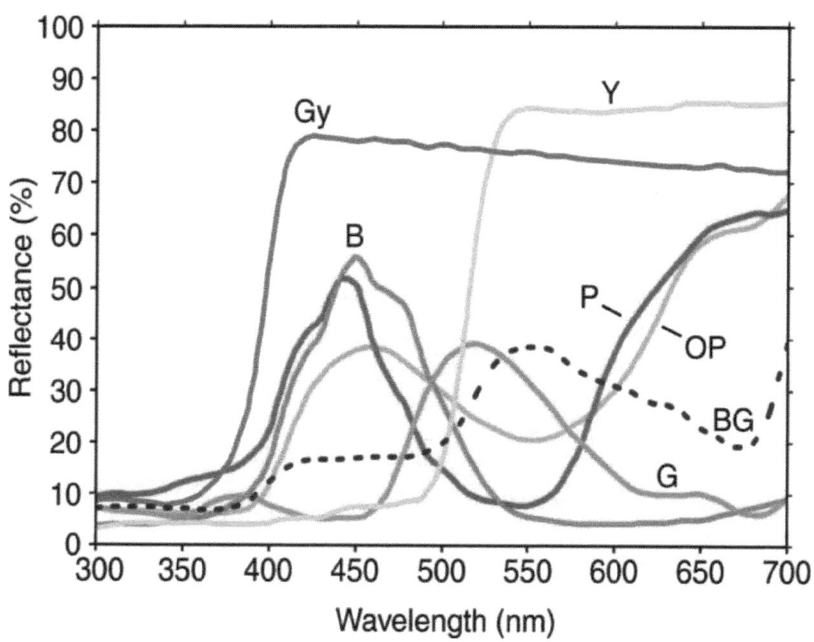

Source: Journal of Experimental Biology

B	-	Blue
BG	-	Blue-green
G	-	Green
Gy	-	Green yellow
OP	-	Original pink
P	-	Pink
Y	-	Yellow

DITIZONATO PRIMÁRIO DE COBRE

WHERE X = Cu

<u>**Estável a pH 1 - 2**</u>
<u>**Comprimento de onda de absorvência 535nm**</u>

COMPLEXOS DE DITIAZONA

DITIZONATO PRIMÁRIO DE ZINCO

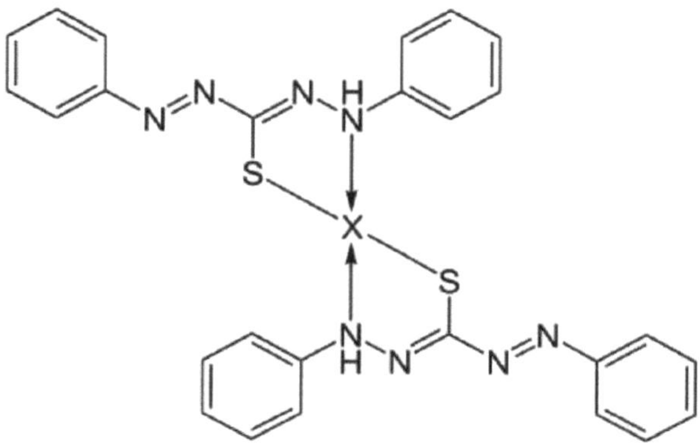

WHERE X = Zn

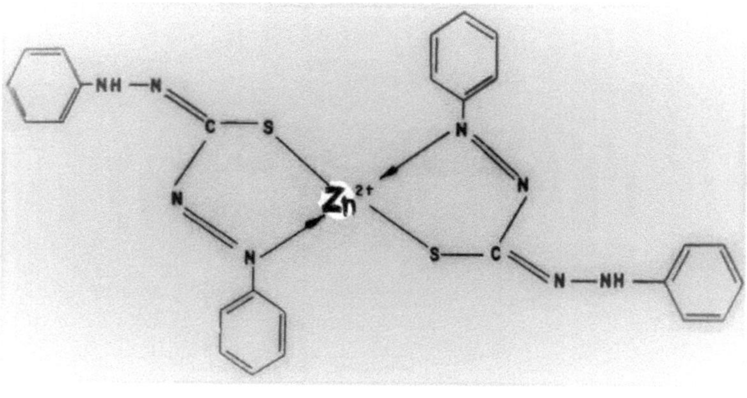

Estável a pH 4 - 5,5
Comprimento de onda de absorvência 530nm